티클스는 동생 포드에게 줄
선물을 살 거야.

포드는 몬스터 사탕과
몬스터 간식을 좋아해.

몬스터 수학 돈 세기
이 사탕
얼마예요?
매들린 타일러 글
에이미 리 그림
차정민 옮김
10
5
기린미디어

뾰족한 뿔이 달리고
꼭 껴안아 주고 싶은
몬스터 인형도 좋아하지.

티클스는 동전이 많아.

1 G
2 G
3 G
4 G
5 G
1 R
2 R
3 R
4 R
5 R
6 R
7 R
8 R

동전들은 동그래.

노란 동전은 크고,
파란 동전은 작아.

어떤 선물을 살까?

몬스터 사탕을 사려면
노란 동전 두 개와 파란 동전 세 개를 내야 해.

G
G
1 + 1 = 2

1 + 1 + 1 = 3

티클스는 몬스터 사탕을 살 만큼 동전이 있을까?

그럼! 충분해!
껌=파란 동전 1개
15

어? 이것 봐! 몬스터 인형이야!

포드는 꼭 껴안아 주고 싶은 몬스터 인형도 좋아하거든.

이 사랑스러운 인형을 사려면
노란 동전 세 개와 파란 동전 다섯 개를 내야 해.

$$1 + 1 + 1 = 3$$

$$1 + 1 + 1 + 1 + 1 = 5$$

이 동전들로 인형을 살 수 있을까?

물론이야!
껌=파란 동전 1개
21

이제 티클스는 가진 돈을 다 썼어.

그 돈으로 몬스터 사탕과
사랑스러운 몬스터 인형을 샀지.

23

포드가 선물을 정말 좋아해!
잘했어, 티클스!

MONSTER MATHS

MONEY

WRITTEN BY

MADELINE TYLER

ILLUSTRATED BY

AMY LI

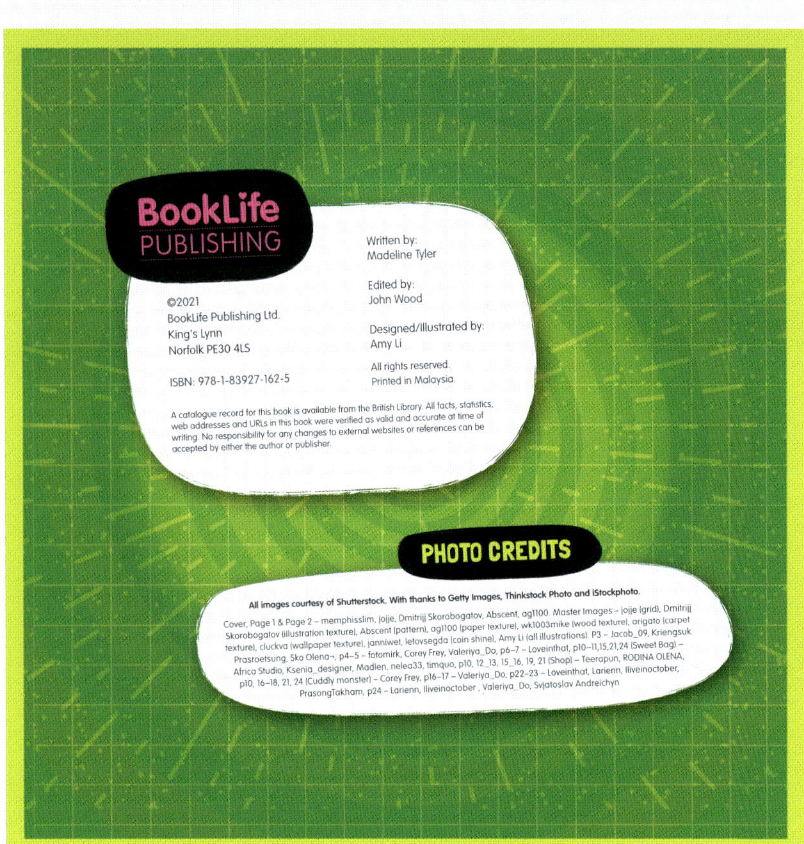

BookLife
PUBLISHING

Written by:
Madeline Tyler

Edited by:
John Wood

Designed/Illustrated by:
Amy Li

©2021
BookLife Publishing Ltd.
King's Lynn
Norfolk PE30 4LS

ISBN: 978-1-83927-162-5

All rights reserved.
Printed in Malaysia.

A catalogue record for this book is available from the British Library. All facts, statistics, web addresses and URLs in this book were verified as valid and accurate at time of writing. No responsibility for any changes to external websites or references can be accepted by either the author or publisher.

PHOTO CREDITS

All images courtesy of Shutterstock. With thanks to Getty Images, Thinkstock Photo and iStockphoto.

Cover, Page 1 & Page 2 – memphisslim, jojje, Dmitrij Skorobogatov, Abscent, ag1100. Master Images – jojje (grid), Dmitrij Skorobogatov (illustration texture), Abscent (pattern), ag1100 (paper texture), wk1003mike (wood texture), arigato (carpet texture), cluckva (wallpaper texture), janniwet, letovesgda (coin shine), Amy Li (all illustrations). P3 – Jacob_09, Kriengsuk Prasroetsung, Ska Olena~, p4–5 – fotomirk, Corey Frey, Valeriya_Do, p6–7 – Loveinthat, p10–11,15,21,24 (Sweet Bag) – Africa Studio, Ksenia_designer, Madlen, nelea33, timquo, p10, 12_13, 15_16, 19, 21 (Shop) – Teerapun, RODINA OLENA, p10, 16–18, 21, 24 (Cuddly monster) – Corey Frey, p16–17 – Valeriya_Do, p22–23 – Loveinthat, Larienn, iliveinoctober, PrasongTakham, p24 – Larienn, iliveinoctober , Valeriya_Do, Svjatoslav Andreichyn

Tickles wants to buy her brother, Pod, a present.

3

Pod likes monster sweets and monster treats...

4

... and cuddly monsters with spiky horns!

5

Tickles has lots of coins.
6

Tickles has 5 growls and 8 rumbles.
1 G 2 G
3 G 4 G 5 G
1 R 2 R 3 R 4 R
5 R 6 R 7 R 8 R
7

These coins are round.
G
8

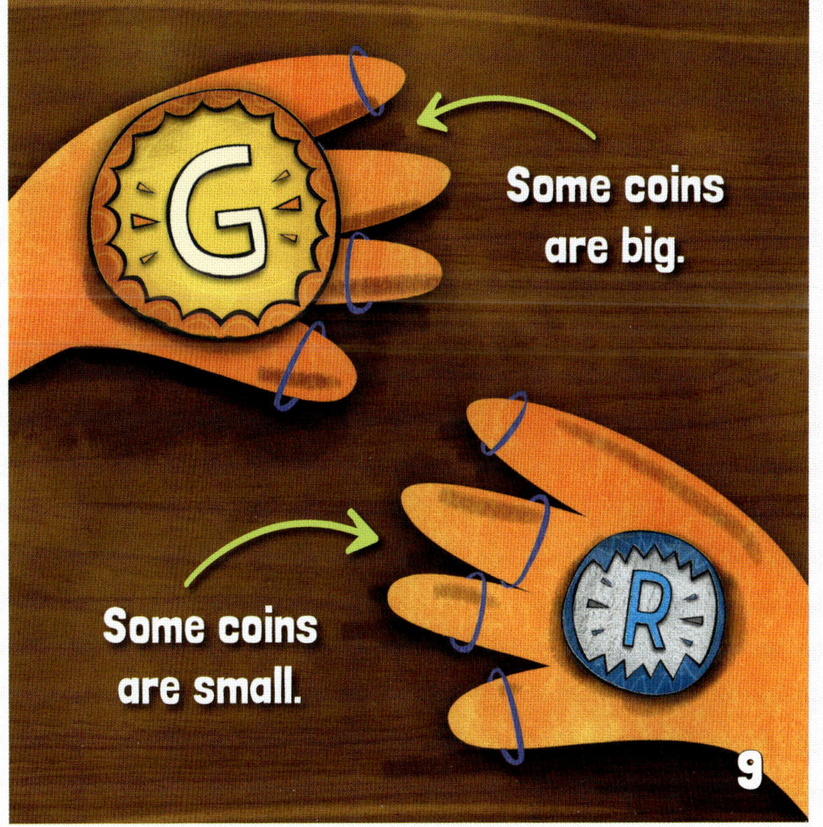
G
Some coins are big.
Some coins are small.
R
9

What shall she buy?
GUM = 1 RUMBLE
MONSTER MART
10

Monster sweets cost
2 growls and 3 rumbles.
G
G
R
R
R
11

How many growls does Tickles need?
G
G
1 + 1 = 2
12

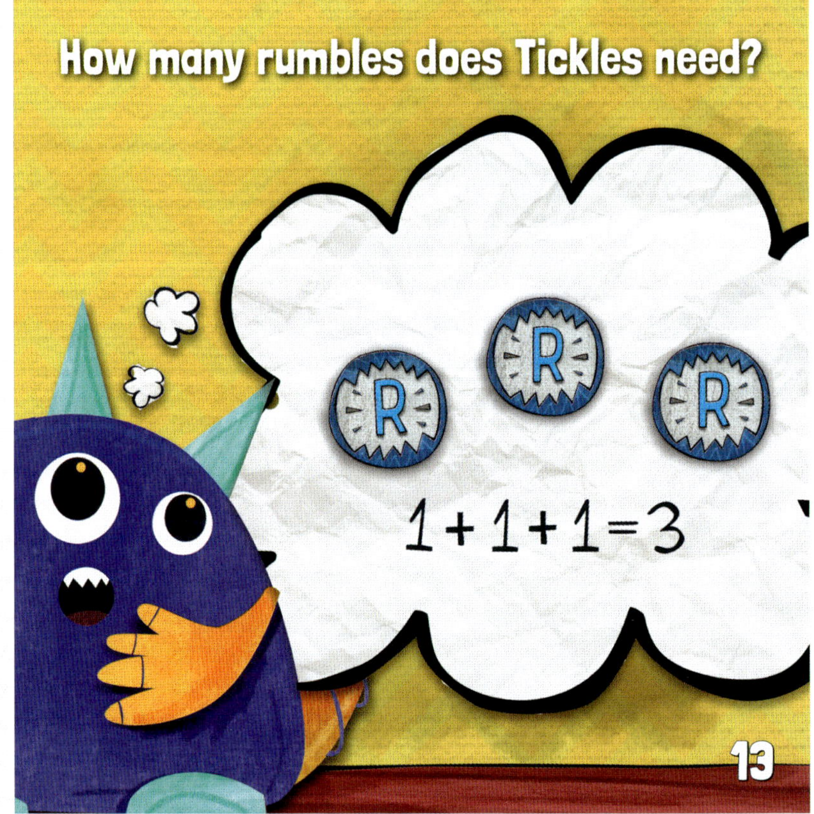

How many rumbles does Tickles need?
R
R
R
1 + 1 + 1 = 3
13

Does Tickles have enough coins?
G
G
G
G
G
R
R
R
R
R
R
R
R
14

Yes, she does!
GUM = 1 RUMBLE
RT
15

But look - a cuddly monster!
ED M T
16

Pod loves cuddly monsters!
17

This cuddly monster costs
3 growls and 5 rumbles.
G
G
G
R
R
R
R
R
18

Can you count the growls and rumbles?
G
G
G
1 + 1 + 1 = 3
R
R
R
R
R
1 + 1 + 1 + 1 + 1 = 5
19

Does Tickles have enough coins?
G
G
G
R
R
R
R
R
20

Yes, she does!
GUM = 1 RUMBLE
RT
21

Tickles has spent all her money.

She bought monster sweets
and a cuddly monster.

Pod loves his presents!
Well done, Tickles.

몬스터 수학 돈 세기

이 사탕 얼마예요?

초판 1쇄 인쇄 2020년 12월 4일 | 초판 1쇄 발행 2020년 12월 10일
글쓴이 매들린 타일러 | 그린이 에이미 리 | 옮긴이 차정민
펴낸이 김민영 | 책임 편집 이정은 | 디자인 박두레
펴낸곳 기린미디어 | 등록 2016년 4월 26일 제 2016-000009호
주소 경기도 김포시 모담공원로 17
전화 0505-302-2381 | 팩스 0505-300-2381 | 전자우편 girinmedia@daum.net

ISBN 979-11-91142-07-5 74410
　　　979-11-91142-00-6 (세트)

이 도서의 국립중앙도서관 출판예정시도서목록(CIP)은 서지정보유통지원시스템 홈페이지(http://seoji.nl.go.kr)와
국가자료공동목록시스템(http://www.nl.go.kr/kolisnet)에서 이용하실 수 있습니다.　(CIP제어번호 : CIP2020039739)

MONSTER MATH: MONEY
Written by Madeline Tyler, Edited by John Wood, Designed/Illustrated by Amy Li
Copyright ⓒ 2020 Booklife Publishing
All rights reserved.
Korean translation copyright ⓒ GIRIN MEDIA 2020
Korean translation rights are arranged with Booklife Publishing through B.K. Norton and AMO Agency.
이 책의 한국어판 저작권은 AMO에이전시를 통해 저작권자와 독점 계약한 기린 미디어에 있습니다.
저작권법에 의해 한국 내에서 보호를 받는 저작물이므로 무단 전재와 무단 복제를 금합니다.

*책값은 뒤표지에 표시되어 있습니다.

*파본이나 잘못된 책은 구입하신 곳에서 바꿔드립니다.

품명 아동 도서 | 사용연령 5세 이상 | 제조국 대한민국 | 제조년월 2020년 12월 10일 | 제조자명 기린미디어
연락처 0505-302-2381 | 주소 경기도 김포시 모담공원로 17
주의사항 종이에 베이거나 긁히지 않도록 조심하세요. 책 모서리가 날카로우니 던지거나 떨어뜨리지 마세요.
KC마크는 이 제품이 공통안전기준에 적합하였음을 의미합니다.

글쓴이 **매들린 타일러**
60여 권의 책을 쓴 재능있는 작가입니다. 대학에서 비교문학을 전공했습니다. 지역 학교에서 어린이들의 독서를 돕는 활동으로 대학 자원 봉사 상을 수상하기도 했습니다.

그린이 **에이미 리**
어릴 적부터 자신만의 이야기를 쓰고 그림을 그리는 등, 책과 그림에 대한 열정을 보여왔습니다. 대학에서 그래픽 디자인과 일러스트레이션을 전공했습니다. 80여 권이 넘는 책의 디자인과 일러스트레이션을 작업했습니다.

옮긴이 **차정민**
두 아이 엄마로 어린이책을 기획, 편집하고 있습니다. 옮긴 책으로 《긴 여행》이 있습니다.

몬스터 수학 시리즈

친절하고 귀여운 몬스터들과 함께 배우는 재미난 수학!
어느새 수학이 신나는 놀이처럼 느껴질 거예요.
책 맨 뒤에는 영어 원서도 수록되어 있어서
수학도 배우고 영어도 익힐 수 있어요.

숫자 세기 **신나는 생일 파티**
측정하기 **누가 누가 빠를까?**
규칙 찾기 **반짝반짝 목걸이 만들기**
도형 찾기 **동글동글 해님은 원이야**
덧셈 **모두 모두 모여라!**
뺄셈 **일곱 마리 강아지**
돈 세기 **이 사탕 얼마예요?**
시계 보기 **지금 몇 시야?**

매들린 타일러 글, 에이미 리 그림, 이계순, 차정민 옮김